蛇能**听见**声音吗?

▶ **不能，蛇没有耳朵来探测声音，但它们能够感知地面的振动。**

蛇是聋子。对着它说话或者吹笛子都没有用，它没有耳道和外耳，也没有耳膜，所以不能接收通常由空气振动传播的声音。

但是，蛇有一个简化的内耳，可以"听到"低频噪声和一些次声波。因此，它能敏锐感知动物离开的脚步、徒步经过的人、小狗的奔跑……

蛇的头必须紧贴地面，否则它什么都感知不到。事实上，蛇的下颌骨取代了耳廓。

其中，中耳的镫骨能够振动，用来接收由地面振动传播的声波，并通过下颌骨将它们传输到内耳的感觉器官。

对了，人真的可以蛊惑一条蛇吗？答案见第47页。

你知道吗？

有些蛇，像蟒蛇和著名的响尾蛇，虽然没有听觉，但有额外的感觉器官。它们的头上有颊窝，里面分布着热传感器。比如响尾蛇就能监测到0.01℃的微小温度变化。这些蛇甚至可以感知环境的热成像。

蛇蜥和蛇有什么**区别**？

▶ **蛇蜥属于另一个爬行动物家族，是没有脚的蜥蜴。**

虽然我们叫它"玻璃蛇"，但蛇蜥确确实实属于蜥蜴目。与蜥蜴一样，蛇蜥遇到危险的时候，它的尾巴会与身体分离。蠕动的断尾可以转移捕食者的注意力，没了尾巴的蛇蜥便趁机躲藏起来。

蛇蜥的尾巴很容易脱落，由此获得了很多与断尾相关的别称。它的学名是Anguis fragilis（脆蛇蜥），意为"脆弱的蛇"。它的尾巴一旦失去，就不能再重新长出来，取而代之的是一截可怜的小残端。因此，蛇蜥只能从捕食者手下逃脱一次。

这种爬行动物身长30多厘米，浑圆无脚，跟蛇一样。它的脚爪是在进化过程中逐渐退化的。但与能囫囵吞下食物的蛇不同，蛇蜥无法张大下颚吞食比自己大的猎物。

而且，这种奇特的蜥蜴，眼睑可以活动，能够闭上眼睛。或许是为了向那些不能闭眼的蛇眨眼吧！要是你在花园里看到全身覆盖着光滑闪亮的鳞片的蛇蜥，不要怕，因为它是无害的。它跟毒蛇的区别很明显。蛇蜥的瞳孔是圆形的，圆圆的头部没有任何特殊的花纹。

你知道吗？

如果有幸避开家猫、锋利的割草机、致命的锹铲和其他危险，蛇蜥可以活到50岁。

环颈蛇
戴了**首饰**吗?

▶ **它漂亮的装饰其实是脖颈鳞片上的一圈黑色花纹,环绕着两块浅色斑点。**

环颈蛇是法国最常见的一种蛇。它体型很长,尾部尖细,橄榄绿色的背部和漂亮的圆形瞳孔很容易引起人们的注意。这种蛇的名字很形象:它的脖子上似乎戴着一条独特的项链。但你在上面看不到一颗宝石,只有两块浅色圆斑镶在新月形的黑色花纹里,位于脖颈两侧。根据个体差异,浅色圆斑呈白色、奶油色、或艳或暗的黄色,甚至橙色。

环颈蛇身长可达1.5米到2米,但它是无害的,生性多疑且胆小。面对危险,哪怕仅仅是有人走近,它也会逃窜藏匿。它像贵妇一样喜欢泡澡,或者更确切地说,它喜欢在"浴缸"里找点东西。青蛙、蟾蜍、蝾螈和鱼类都是环颈蛇喜欢的食物。通常,它生活在各类水体附近:水潭、河流、沼泽、运河、池塘……不过,树丛、森林、花园等较干燥的地方也适合它。环颈蛇在水中游动自如,它的头像潜望镜一样伸出水面。它甚至可以潜水,能全身浸没在水下超过30分钟。

你知道吗?

有的环颈蛇,随着年龄的增长,项圈才渐渐可见。相反,另一种蛇的幼体,七叶蛇,它们身上也有环形纹饰,会随着年龄的增长变得越来越浅。

蝰蛇会游泳吗？

▶ 蝰蛇很少待在水里，虽然它们擅长游泳。真是万幸，我们不会常在水中与该类毒蛇相遇。

蝰蛇偏爱结实的土地，只在陆地上捕猎，不像它的表亲环颈蛇和赤练游蛇。那两种蛇既在水中也在岸边追踪猎物。因此，在欧洲，野外游泳时惊扰的蛇大多是无害的水蛇。

也有例外的情况，西欧毒蝰在逃跑或者需要在酷热中降温时，它会弄湿自己的翘鼻子，以穿过池塘或河流。它虽然不是百米自由泳的高手，但也应付得来，能在水面上轻松起伏。另一种更稀有的品种，龙纹蝰蛇生活在寒冷地区的沼泽和湿地，能够毫不费力地在水中游动，穿行在水生植物之间。

伪蝰蛇真是小蝰蛇吗？答案见第23页。

你知道吗？

和许多动物一样，也有其他一些常在陆地上生活的爬行动物，生死攸关时游泳逃生，绿蜥蜴就是如此。

9

蛇下蛋吗？

▶ **几乎所有的游蛇都会产卵，但蝰蛇会直接生下已经成形的幼崽。**

绝大多数爬行动物都是卵生的，也就是说，它们下蛋，就像我们后院的母鸡一样。乌龟和鳄鱼都下蛋，但它们的蛋有点奇特，因为外壳是柔软的。

至于蜥蜴和游蛇，它们会把蛋留在肚子里，这是第一孵化期，让脆弱的胚胎免受外部威胁和温度变化的影响，胚胎在母体中发育至25%到80%。

只有体内孵化完成之后，母蛇才决定将蛋生出来，隐埋在松散的土洞里。此时胚胎尚未完全定型，它们在孵化前还会长大一些。

有些蛇，如皇家巨蟒，会盘绕在蛋上孵化它们，直到幼蛇出生。相反，蝰蛇是胎生的，也就是说，它们不经过产卵就生下了小蝰蛇。对于这个物种，整个胚胎发育都在母蛇体内完成。

顺便问一下，谁来照顾蛇宝宝？答案见第19页。

你知道吗？

蛇蛋的多孔壳允许氧气和水通过，这些是确保胚胎发育的基本元素。

被蝰蛇咬伤
会**致命**吗?

▶ **特殊情况下,如果得不到及时救治,0.2%被蝰蛇咬伤的人才有生命危险。**

在欧洲,被蝰蛇咬伤的人一般都无大碍。这意味着蝰蛇未能成功在人体内注射毒液。皮肤上只能看到咬痕,没有其他令人担忧的症状,没有异常肿胀,也没有其他病理反应。谢天谢地!

相反,如果被咬的部分开始肿胀,说明蝰蛇确实注射了毒液。此时必须送医治疗,给伤者注射解毒的血清,这种血清如今已没有任何副作用了。严重病例都是由过敏反应引起的,比例不到1%。

法国人口超过6500万,当地常有蝰蛇出没,每年有1000至2000人被蝰蛇咬伤,其中0.2%是致命的,也就是说每年约有一人死亡。而在瑞士,30多年来没有出现毒

蛇致死病例,比利时也是如此。不过,蝰蛇仍然是具有潜在危险的动物,如果送医治疗不及时,被蝰蛇咬伤产生的后遗症可能需要很长时间才能消失。

顺便问一下,万一被毒蛇咬伤了怎么办?答案见第63页。

答案见第63页。

你知道吗?

严重反应约占被蛇咬伤病例的10%。30%有局部疼痛,60%反应轻微。

世界上**最长**的蛇

是什么蛇？

▶ **迄今为止，该奖项仍要颁给长达10米的网纹蟒。**

人们耳熟能详的大蛇，都是粗壮的蟒蛇，它们能将肌肉发达的身体环绕在猎物身上，使猎物窒息。

根据1912年的测量，世界纪录由著名的网纹蟒保持，业内人士叫它马来蟒属。网纹蟒尽管足有10米长，但南美洲的绿水蚺和它相差无几。据说有些绿水蚺长达11米甚至15米，但至今为止尚无科学依据证实这一传言……

人们还发现过一条9米多长、重达200公斤的蚺，直径有38厘米。这使它成为目前生活在地球上最大、最重的蛇。在重量方面，网纹蟒只有145公斤。

还有另外三种蛇也属于体长5米以上的巨型蛇：亚洲的摩洛尔蟒、非洲石蟒和澳大利亚的金角蟒。这些爬行动物大多一生都在生长，谁知道在丛林中心的某个地方会不会发现另一条巨蟒呢？

你知道吗？

在欧洲，环颈蛇、七叶蛇和黄绿游蛇都很少超过2米，比不上蒙彼利埃蛇。蒙彼利埃蛇可以长到2.55米。

谁以蝰蛇为食？

▶ **虽然自然界中的捕食者数量众多，但有一种蛇很擅长捕猎爬行动物，它就是滑蛇。**

尽管蝰蛇的钩牙能够注入致命的毒液，它还是会成为其他捕食者的猎物。对于刺猬、狐狸和猫来说，逮住机会才能偷袭成功，它们并不以爬行动物为主食，只是把蛇肉当作零食。由于对蛇毒不能免疫，它们各有各的捕食策略。刺猬竖起它的尖刺，防止被毒蛇咬到，狐狸和猫则比较鲁莽，仗着自己敏捷的身手进行捕杀。

蝰蛇还必须面对更可怕的捕食者——滑蛇，滑蛇主要以蜥蜴、蛇蜥和蛇为食，能够吞下一条几乎跟它自身一样长的蝰蛇。滑蛇在欧洲相当常见，对人类无害。滑蛇在追踪猎物时，会突然攻击它们的脖子，然后像小型蟒蛇一样，缠绕在猎物身上使它们窒息。

尽管滑蛇的瞳孔呈圆形，眼睛外侧有黑色纹路，头部顶端颜色更深，但它还是经常被误认作蝰蛇。

顺便问一下，哪种鸟类主要以爬行动物为食？答案见第79页。

你知道吗？

刚出生不久的小蝰蛇会成为许多捕食者的猎物。它们只有大约20厘米长，即便是螳螂这样的昆虫也可以将它们作为盘中之物。

谁来照顾蛇宝宝？

▶ **没人照顾。从出生开始，蛇宝宝就只能自生自灭。**

蛇蛋被产下之后即被遗弃，只能听天由命。母蛇回归它的日常生活：午睡、捕猎、晒太阳……小蛇从蛋里孵化出来之后，就只能靠自己活下去。每条蛇宝宝都只能依靠自己。

但别担心，它们已经能在没有帮助的情况下觅食了。除了鳞片上带着一些幼蛇特征的图案，蛇宝宝几乎是它们父母的复制品。例如，小蝰蛇这时就已经长出了毒钩牙。

意识到生存危机后，小蛇立即开始寻找食物。它们的饮食结构还与大蛇不太一样，游蛇宝宝捕食蝌蚪和水生昆虫，而它们的爸爸妈妈则以青蛙或鱼为食。小蛇捕捉蚯蚓、蟋蟀、幼蜥蜴或幼鼠，成蛇则捕猎家鼠、田鼠、鸟类和体型较大的爬行动物。

你知道吗？

刚出生的小家伙们四处探索世界，寻找自己的领地。在这个过程中，它们经常穿越很多危险的地方，面对捕食者、汽车和人类活动的威胁，夭折也在所难免。

原来如此！

并非所有爬行动物都会遗弃自己的后代，鳄鱼妈妈就会竭尽全力，即使在小鳄鱼被孵化出来之后，也会保护它们。

如何避免被蝰蛇咬伤？

▶ **振动地面，将蛇赶走。在大自然中，要随时留意自己手脚的位置。**

蛇很胆小，它们宁愿逃跑或躲起来，也不愿面对危险。但是，如果一条毒蛇受了惊、走投无路、无法逃脱，或者有人攻击、玩弄、碾压它时，它会本能地做出反应，以挽救自己的生命。这时，它会攻击和咬人。

最好遵循一些简单的规则：永远不要打扰或追赶蛇，注意脚、手和臀部的位置，当心矮墙、灌木丛、荆棘、树篱、深草和向阳的斜坡，最后，务必用力跺脚，以检查野餐地点。在山林或荒野中一定要穿上高帮鞋，人字拖只适合海滩。

儿童最容易被蛇咬伤。看管好蹒跚学步的幼童，但也用不着过于担心，他们可以在清理和检查过的地方畅快玩耍。接触

大自然、进行户外活动对于开发孩子们的智力非常重要。教他们在采摘或捡拾东西之前要仔细观察，在坐下或穿过灌木丛之前要跳一跳，以发出声响赶走蛇类。

你知道吗？

冬天遇到蝰蛇的概率很小，因为它们会冬眠。在夏季，天气炎热时，它们也会躲在阴凉处，因为如果体内温度超过36℃，它们就有生命危险。

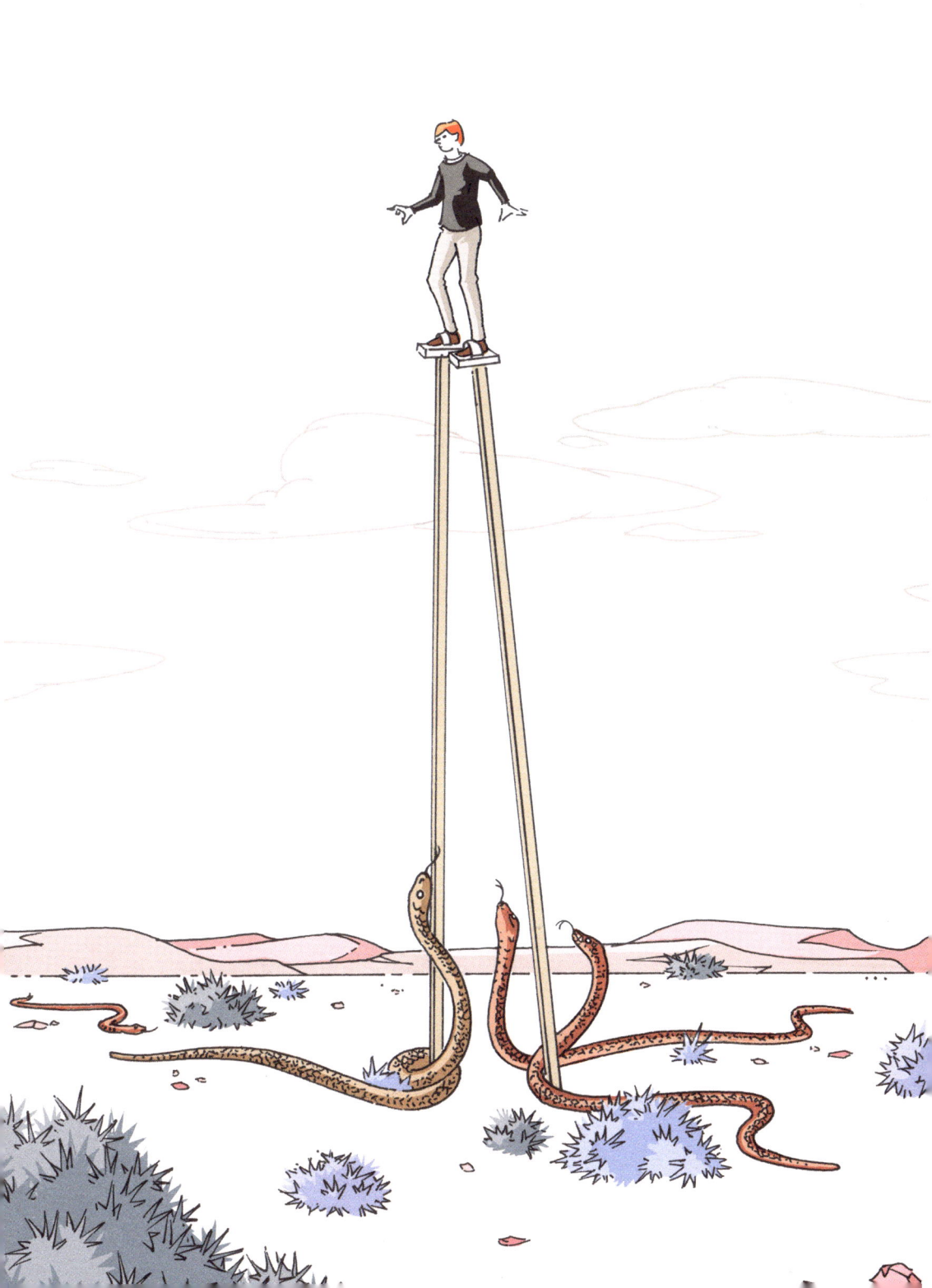

伪蝰蛇是小蝰蛇吗?

▶ **恰恰相反。它是一种完全无害的游蛇,经常在水边活动。**

伪蝰蛇……它怎么有着这么有趣的名字呢?因为啊,它背上的锯齿形图案总令人不寒而栗地联想到蝰蛇。此外,这两种蛇的大小也差不多,身长都在50到70厘米之间。

被人惊扰而发怒时,它看起来活脱脱就像一条愤怒的毒蛇:后脑勺肿胀并变成明显的三角形。它大声嘶鸣、压扁身体、盘成S形。虽然与剧毒的蝰蛇惊人地相似,但这只是伪蝰蛇虚张声势而已,它从不咬人。但捕食者遇到这种情况往往会犹豫,从而放弃追捕。

如果仔细观察,你会发现,它圆圆的瞳孔和细长的尾巴暴露了它的身份。与蝰蛇的另一个区别是,伪蝰蛇经常在池沼、河流、水渠和池塘活动,甚至可以潜在水下30多分钟,只有尾巴紧贴着水生植物。

你知道吗?

在法国的一些山区,"vipérine(伪蝰蛇)"这个名字也指某种白兰地;古人将一条毒蛇塞进瓶子里做装饰或制作所谓的神药……

蛇吃什么？

▶ **水田鼠、田鼠和家鼠经常出现在蛇的菜单上，但也有一些蛇的食谱很特殊。**

每个物种都有自己特定的食谱。例如，西欧毒蝰几乎只吃小型啮齿动物。伪蝰蛇捕食水生动物，尤其是鱼类和两栖动物。滑蛇专门捕猎爬行动物，以蜥蜴为主。海蛇只吃鱼，而在亚马孙丛林中，小树蛇以树蛙为食。

法国的蛇大多数都比较投机取巧。小型哺乳动物是它们主要的猎物，但它们同样以田鼠、鸟类、蟾蜍、蜥蜴或昆虫为食。黄绿游蛇甚至能够从空心树中捕获蝙蝠，七叶蛇则直接从其他动物的巢中取食卵蛋。

顺便问一下，蛇是如何吞下比自己身体大的动物的？答案见第82页。

答案见第82页。

你知道吗？

人类在世界各地的观察结果都一样：蛇以肉食为主。像蟒蛇这样的大型蛇类甚至能够捕食猴子和羚羊。

蒙彼利埃蛇
很凶吗？

▶ **不尽然。只不过它无法眨动的眼睑和浮雕状突起的头部使它看起来很吓人。**

蒙彼利埃蛇生活在地中海沿岸，它体型巨大，活泼迅捷，它会把头抬到植被上方，以追捕小动物。它的毒牙位于嘴巴后部，因此对人类没有危险，除非你把一整根手指伸进它嘴里。

它在吞下猎物时施毒，以便在吞咽过程中固定它们，并促进消化。它感受到威胁时，会盘成一团，鼓起身体，脖子变扁，像眼镜蛇一样抬起头，吐着芯子，警告来者：不要碰我！这模样挺吓人的，一动不动的凝视和不能眨动的眼睑更加强了这种效果。像眉弓一样横亘在眼睛上方的凸骨使它看上去非常凶暴、无情。

然而，蒙彼利埃蛇就是一种普普通通的蛇。它不喜欢被打扰，只有无路可逃时，才会攻击来犯者并试图咬他。鉴于毒牙的位置，它咬人后释放的毒液量也非常有限。

你知道吗？

蒙彼利埃蛇不挑食，胃口很好。它吞食田鼠、老鼠、鼩鼱、鸟类、蜥蜴、蛇、昆虫……人们甚至在一条蒙彼利埃蛇的肚子里发现过一只小乌龟。

为什么法国药房的
标志上曾有一条蛇?

▶ **蛇代表医学之神,希腊人称之为"阿斯克勒庇俄斯",罗马人称之为"埃斯库拉庇乌斯"。**

希腊神话中,阿波罗的儿子阿斯克勒庇俄斯可以用蛇治病,甚至能够复活死者。他的法杖上装饰着一条活灵活现的蛇,象征着治愈。

古希腊以他的名字建立了许多医学院。希腊人的信仰后来被罗马人继承,只是以不同的名字称呼他们的神,于是"阿斯克勒庇俄斯"变成了"埃斯库拉庇乌斯"。

据说,"治愈之神"埃斯库拉庇乌斯正是以蛇的形式出现在罗马,结束了瘟疫的流行,罗马人甚至为了敬拜神而饲养蛇。长期以来,人们一直认为蛇是因此而遍布整个欧洲的。

如今,"埃斯库拉庇乌斯之蛇"作为一种象征仍随处可见。与阿斯克勒庇俄斯的法杖一起,代表了医学。当蛇缠绕在阿斯克勒庇俄斯的女儿"健康女神"许癸厄亚的圣杯外壁上时,它又成了药剂师的标志。

你知道吗?

继古希腊人与古罗马人之后,许癸厄亚圣杯和她的蛇形标记在中世纪被药剂师重新采用。1942年,它们成为法国药房的官方标志,该商标于1962年由法国药剂师协会注册。如今,神话中的蛇逐渐从药房的招牌上消失,取而代之的是一个简单的绿色十字架。

草丛里有
响尾蛇吗?

▶ **这简直是无稽之谈。法国没有这种蛇，因为欧洲没有响尾蛇科，我们听到的不过是蝗虫的嗡鸣。**

在美洲，一些响尾蛇的尾巴末端有一串角质环。人们一听到敲打地面的叮当声，就会立马停住。这是个警告：一条剧毒致命的响尾蛇就在附近，伺机咬人。为了让人知道这一点，它晃动着尾巴末端的角质环，发出声响。这时你最好回避。

这种声音经常出现在美国西部片中，以至于被众人熟知。夏天，我们以为在草丛里听到了这种声音。然而，法国并没有响尾蛇。我们听到的是蚱蜢、蟋蟀和蝗虫的唧唧吱吱声，这种声音在求欢的季节此起彼伏，相互交织。雄性昆虫在草丛中鸣叫，摩擦着腿和翅膀，像小提琴的琴弓来回滑动。为了

什么？当然是为了吸引雌性！无论如何，这一特殊的交响乐都与以角质环为乐器的蛇没有丝毫关系。

你知道吗?

响尾蛇都属于响尾蛇科，也叫蝮蛇亚科。它们并不是世界上唯一为了恐吓对手而制造噪声的蛇。有些蛇会摩擦鳞片、嘶鸣、吐气或用尾巴敲击地面，发出声响。

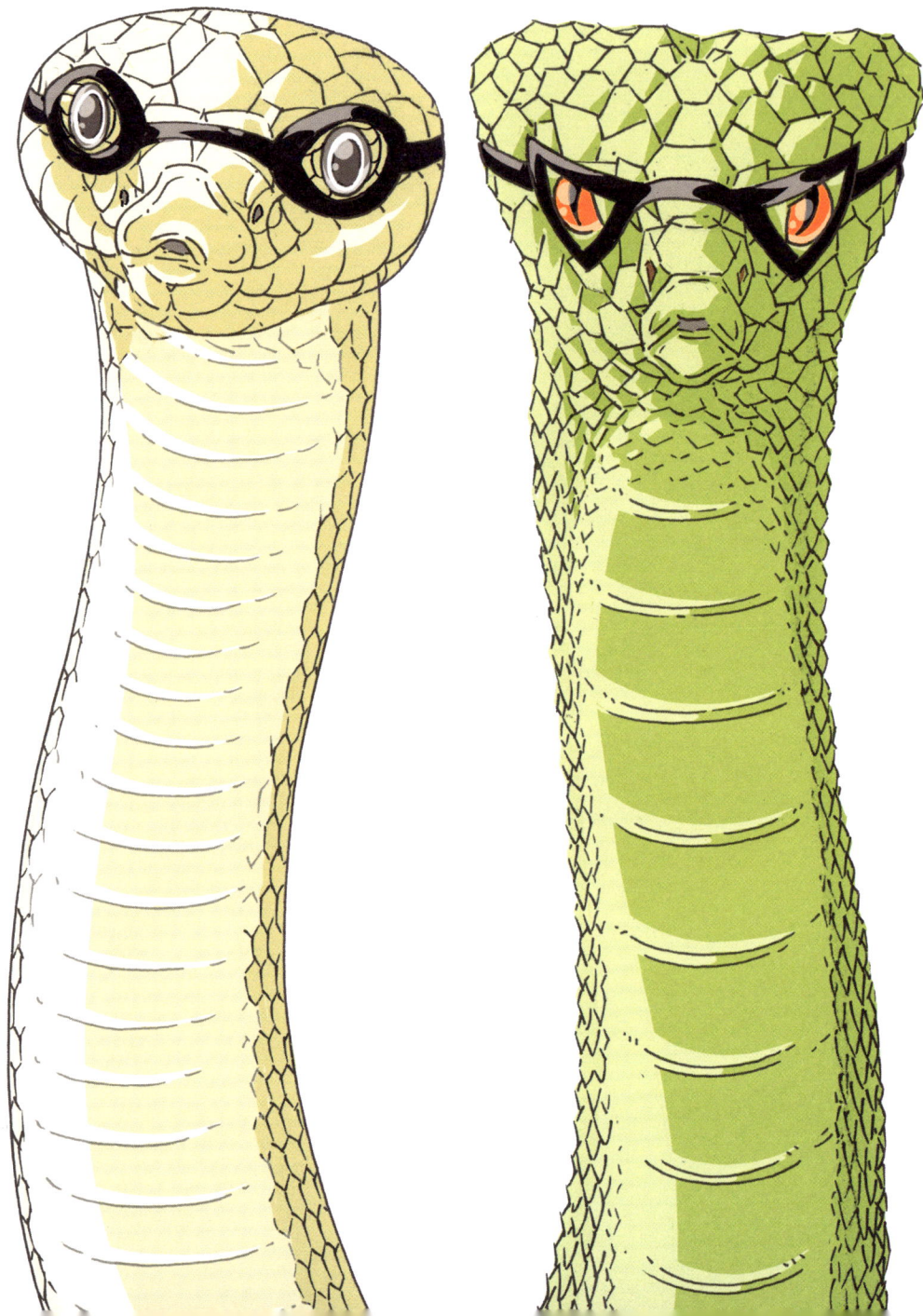

游蛇和蝰蛇
有什么区别?

▶ **粗壮的身体，像猫一样竖直的瞳孔，三角形头部，身体上有锯齿形图案，这是一条毒蛇吗？**

是有毒的蝰蛇还是无害的游蛇，我们最好在打交道前就弄清对方是谁，所幸它们的差异其实十分明显。

首先是尺寸：没有蝰蛇能超过90厘米，它的平均长度在50到60厘米之间，几乎不及人的手臂长。其体型比游蛇短胖粗壮，身体末端有一条独特的短尾巴，瞳孔竖直狭长，眼睛被突出的鳞片覆盖，样貌令人惧怕。它的鼻子经常上翘，三角形的棱角头顶部大部分覆盖着小鳞片，包括口鼻两侧，头骨上还经常出现V形或X形图案，锯齿形花纹遍布背部。

相反，游蛇更长、更细，尾部与身体其他部分的分界不明显。成年游蛇体长通常超过80厘米。头部呈球形，上面装饰着至少九片大鳞片，瞳孔也是圆的。

顺便问一下，有长脚的蛇吗？答案见第80页。

你知道吗？

当伪蝰蛇伪装成蝰蛇时，某些特征（例如背部的花纹、三角形的头部）会让人或捕食者混淆。

谁杀死了环颈蛇?

▶ 这次没有凶手。捉弄完捕食者之后，它又复活了。多好的演员啊!

温和的环颈蛇从不咬人，它没有毒液，但花招可不少。受到攻击时，它会把自己卷起来，肚子朝上，身体松弛，嘴巴张开，舌头下垂。突发心脏病？不，都是装的。环颈蛇可以长时间装死，以欺骗它的捕食者。突然间，它又复活了，然后消失不见，继续它的生活。

环颈蛇装死时，会从泄殖腔排出令人作呕的液体。这是一种白色混合物，由粪便和肛门腺等物质组成。一股强烈的腐肉气味从一动不动的蛇身上散发出来。捕食者避之不及。谁想吃一具腐烂的尸体呢？除了食腐动物。对付它们或者鸟类，这一臭技能可就失效了。

顺便问一下，环颈蛇戴了首饰吗？答案见第6页。

答案见第6页。

你知道吗?

要是你抓住一条环颈蛇，它肯定会把气味难闻的分泌物喷在你手上，即使清洗好几遍，气味也很难清除。

蛇没有脚

怎么移动?

▶ **爬行，需要高超的技巧。蛇宽大的腹鳞紧抓地面，肌肉发达的身体推动着它们前进。**

蛇的椎骨多达400多节，这使它的脊柱灵活得令人难以置信，所以就不需要腿了。每一节椎骨都连接着一对可以分开的肋骨，因此蛇的身体可以扩张、收缩和扭曲。

这种结构对蛇的移动至关重要。根据身处的地形和物种的不同，蛇会选择四种爬行方式中的一种：波浪式、手风琴式、直线式或横向摆动式。波浪式移动时，它们从右到左不断扭动身体，在地面上形成一系列S形曲线；手风琴式移动时，蛇尾着力，先把头部前伸，蛇身后部再跟着向前缩起。蛇以这种折叠然后再打开身体的方式移动，侧看就像是演奏的手风琴。

体型大的蛇则笔直向前爬行。它们的腹部鳞片很宽很短，紧抓地面，身体呈波浪状起伏，它们收缩肌肉，将身体向前拉。横向摆动是令人惊讶的爬行方式，蛇借助头和尾巴将身体向侧面伸出，这会在沙地上留下很容易辨认的平行痕迹。不管以什么方式移动，蛇都要用它强大的肌肉来支撑腹部的一部分，另一部分则向上抬起。

你知道吗?

危险的黑曼巴（非洲的一种剧毒的蛇）是世界上移动速度最快的蛇。它生活在非洲，移动速度能赶上一个全速奔跑的人，时速达20千米。

刺猬吃蛇吗?

▶ **比较罕见,但把蛇作为晚餐对于刺猬而言也未尝不可。**

这种小型哺乳动物是机会主义者,它找到什么吃什么,无论是昆虫、蠕虫、蛞蝓、蜘蛛、老鼠、青蛙还是猫粮……重要的是,刺猬每晚要摄入50至70克食物。

必须承认,我们这个"荆棘小堡垒"主要在夜间活动,不太可能遇到习惯白天出来的蛇。大多数刺猬和毒蛇的决斗都不是自然发生的。通常情况下,这两个主角是因为科学研究而走到一起,或是被那些想获取博人眼球的照片的摄影师刻意安排的。

然而,在炎热的天气里,龙纹蝰蛇有时会在晚上出来,要是碰上饥饿的刺猬,它将无力反抗。蛇为了自保会咬刺猬,但刺猬的长刺会给蛇带来严重的伤害。环颈蛇偶尔也会在夜间出没,蛇蜥和七叶蛇在黄昏时分比较活跃。当心刺猬……

> **你知道吗?**
>
> 刺猬的饮食因其栖息地和季节变化而异,通常,它们的食物80%由小动物构成,如毛虫、幼虫、蚯蚓、蛞蝓和蜗牛。

蛇的**分叉舌**
有什么用处?

▶ **既不用来吓人，也不为了刺人，而是为了捕捉气味并将其带入口中，这样蛇就能更好地闻到味道。**

与我们经常听到的蠢话相反，它不是用来刺人的，这是一种与嗅觉有关的强大的化学感受器。

蛇的舌头是分叉的，也就是说，呈V形裂开。这种分叉对于收集空气中的气味分子并将它们带入口腔非常有用。此外，蛇甚至不用张开下巴就能用舌头闻东西，因为在它的鼻子末端有一个叫"舌窝"的小间隙，允许舌头通过。

一旦收集到气味，舌头就会把分叉的末端滑到上颚，传递它的收获，那里除了鼻孔和鼻腔，还有两个布满嗅觉细胞的口袋，直接与大脑相连。雅各布森器官——这是它的中文名，俗称"锄鼻器"，可分析和识别气味分子，从而最大限度地收集关于环境的信息。这种"高科技"装置只有蛇和一些蜥蜴具备，也是它们的主要感觉器官之一。

顺便问一下，"毒舌"这个说法是从哪里来的？答案见第50页。

你知道吗?

"用分叉的舌头说话"这个说法一点也不贴切。蛇不是狡诈、阴险的生物，某些地区的人，如美洲印第安人就对蛇非常尊敬。

为什么这条蛇
看起来像瞎子？

▶ **蛇眼上方的乳白色预示着它即将蜕皮。**

几乎所有蛇都戴着眼镜。这里说的眼镜并非我们所戴的那种眼镜，而是一块半透明的眼部鳞片，像舷窗一样覆盖着眼睛。与真正的眼睑不同，这片眼镜不能移动，因此蛇的目光总是奇怪地一动不动，眼球也一样。

这片透明的鳞片可以保护蛇的眼睛，当它蜕去狭小磨损的旧皮，换上新皮时，鳞片也会随之脱落。蛇通过分泌一种黏稠的乳白色物质来为蜕皮做准备，这种物质在新旧表皮之间能起润滑的作用。

渐渐地，蛇身上的图案变暗了，眼睛变成了蓝色，然后是乳白色，最后完全不透明了。因为蛇的视觉并非它们的主要感官，所以视力下降或消失对它们的影响很小，况且这种情况还是暂时的。很快，一块全新的水晶透明镜片将让它恢复视力。

你知道吗？

蛇虽然能很好地感知动作，但视力通常很差，必须通过后退或前进来聚焦它们所见的物体。

蛇正在逐渐灭绝吗?

▶ **由于自然栖息地被破坏、集约化农业和杀虫剂的使用,这种风险确实存在。它们的命运掌握在我们手中。**

现今,我们这个星球上的生物多样性和大量野生动物正受到威胁,蛇也不例外。它们减少的主要原因之一是自然栖息地的改变甚至消失。人类摧毁树篱、填埋池塘、开垦草地、拦河筑坝、湿地排水、修建道路、污染环境……保护栖息地对爬行动物来说至关重要。

在集约化种植的大洋里,越来越多的物种被隔离在生存孤岛之上,彼此之间断了联系。因此,物种包括基因都会变得脆弱,从而逐渐走向灭绝。解决方案是什么?维护或发展生态走廊:让树篱、小丛林、滩涂或池塘网络贯通相连。

农业生产方式的转变也很有必要,比如减少使用杀虫剂,就像生态农业所提倡的那样。这将使我们能够在尊重自然的同时生产粮食。有机蔬菜和园艺、在花园中建立一个池塘或野生角落,这些都是很重要的举措。

你知道吗?

人类出于恐惧或无知而消灭蛇的行为仍很常见。让我们的社会关注自然、认识自然,可更好地理解自然,在保护自然的同时找到我们自己的位置,这关系到我们和后代的未来。

人真的可以盏惑一条蛇吗？

▶ **不，它一点也不会对我们的行为着迷！**

在印度，耍蛇者表演时非常了解自己操纵的眼镜蛇的行为。至于音乐，它只会让观众着迷。蛇听不到音乐声，更重要的是，它并不喜欢被打扰。

其实，蛇只是对长笛演奏者的移动和他轻轻地跺脚所引起的振动做出反应。眼镜蛇感觉到压力和威胁，便挺直身子，膨起特有的扁平颈部来恐吓这个奇怪的敌人。这是蛇在准备反击。

笛子也吸引了蛇的注意，这种乐器由镀锡铁皮制成，上面经常缀满闪亮的装饰。长长的笛身使耍蛇者的气息被故意投射到不幸的眼镜蛇身上，以尽可能地惹恼它。长笛演奏者很精准地控制着自己与蛇之间的距离，既能吸引蛇的注意力，又能避免触发它的防御反应，即被蛇咬伤。

耍蛇者移动的节奏也很重要。不能让蛇僵立不动，否则它就会发动攻击。当耍蛇者停止运动时，蛇才终于可以平静下来。

顺便问一下，蛇会跳舞吗？答案见第55页。

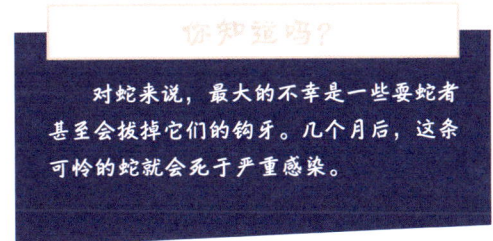

你知道吗？

对蛇来说，最大的不幸是一些耍蛇者甚至会拔掉它们的钩牙。几个月后，这条可怜的蛇就会死于严重感染。

什么蛇会爬树？

▶ **没有手没有脚，埃斯科拉普蛇却能轻松地爬上高高的大树。**

一条橄榄色的蛇栖息在一棵大橡树的树冠？毫无疑问，这是一条能够在树枝间游走的七叶蛇，它看起来像一个花环。

作为攀岩女王，它甚至能在百年古树粗糙的树干上垂直攀爬。它腹部的鳞片呈坚硬的龙骨状，这意味着它们不是光滑平顺的，而是有一个或多个凸起纹路，使它们能在略微粗糙的表面用力。

一旦爬进树冠，它就能在那里找到鸟巢，吞下鸟蛋、小鸟，甚至是它们的父母。要知道，七叶蛇完全有能力捕食地洞里的啮齿动物或岩石中的蜥蜴。它的名字"埃斯科拉普"源于罗马医学之神埃斯库拉庇乌斯。有些人还称它为"阁楼蛇"，因为它冬天喜欢躲在屋顶下避寒，夏天则在那里捕捉老鼠。它能像蟒蛇一样，用自己的身体缠绕不幸的啮齿动物，在吞食之前令它们窒息。

顺便问一下，为什么法国药房的标志上曾有一条蛇？答案见第28页。

你知道吗？

在欧洲，另一种蛇类，黄绿游蛇，也是优秀的攀爬者。然而，比起大树，它更喜欢灌木丛。

"毒舌"的
说法 从何而来?

▶ **毒蛇用舌头伤人，这一想法长期以来存在于无知者的头脑中。**

偏见总是很顽固。毒蛇用分叉的舌头注射毒液这一奇想至今仍广为流传，更不用说蛇的坏名声了……

在《圣经·创世记》中，蛇是一种被诅咒的动物，它诱使夏娃偷吃禁果。一些谚语将蛇的舌头作为背信弃义和诽谤的象征。所以，"长着蝰蛇的舌头"或是"有着蛇的舌头"，成了"吐毒液""说谎"和"作恶"的代名词。

其他说法也不断出现，比如"吞下蛇"，指的是"忍气吞声"，或是"上当""轻信一些错误的事情"。我们还会说"像蛇一样懒惰""像蜥蜴一样晒太阳"或"像乌龟一样爬行"，所有这些都反映了这些动物缓慢的行动和对阳光的需求。

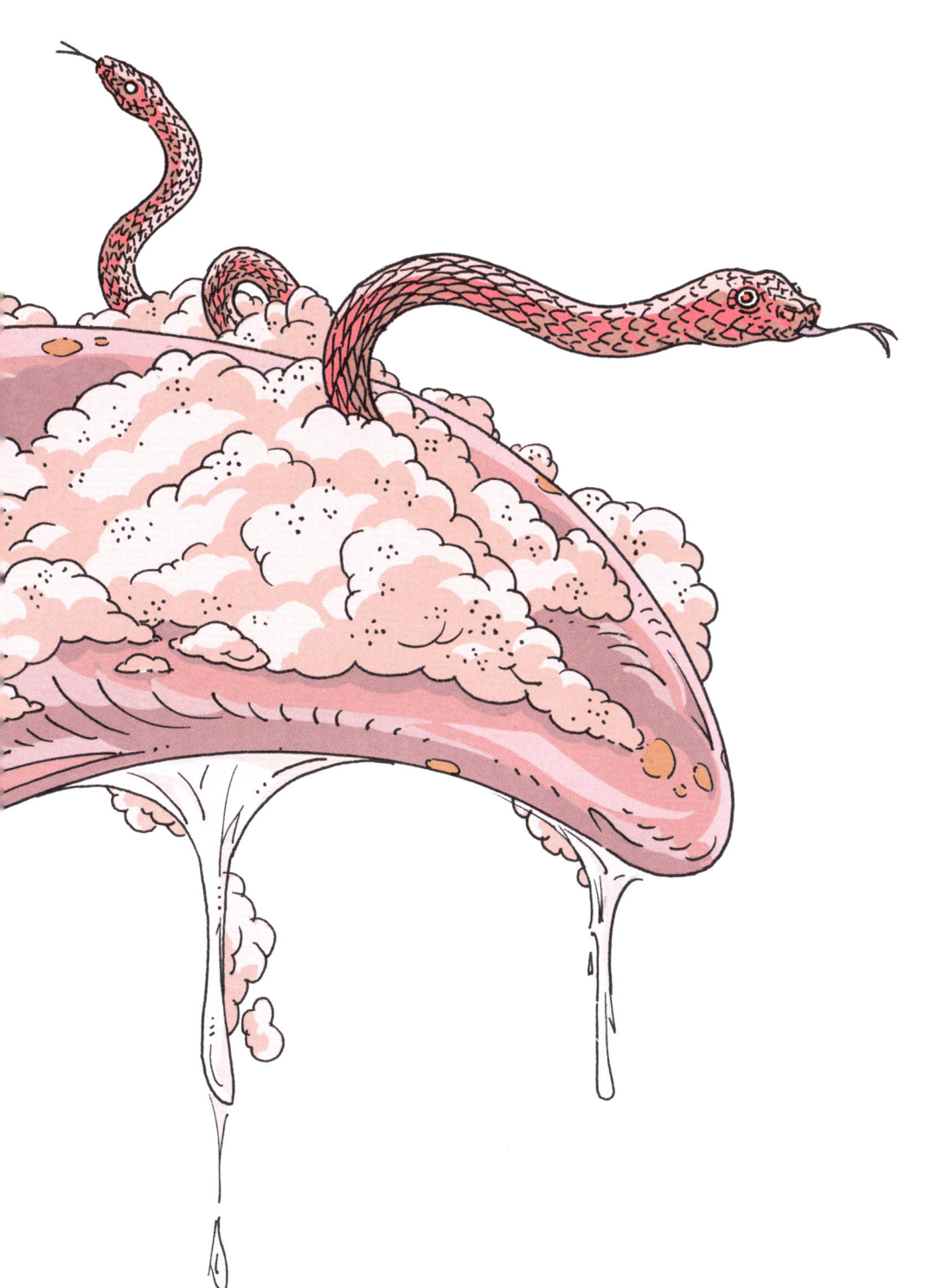

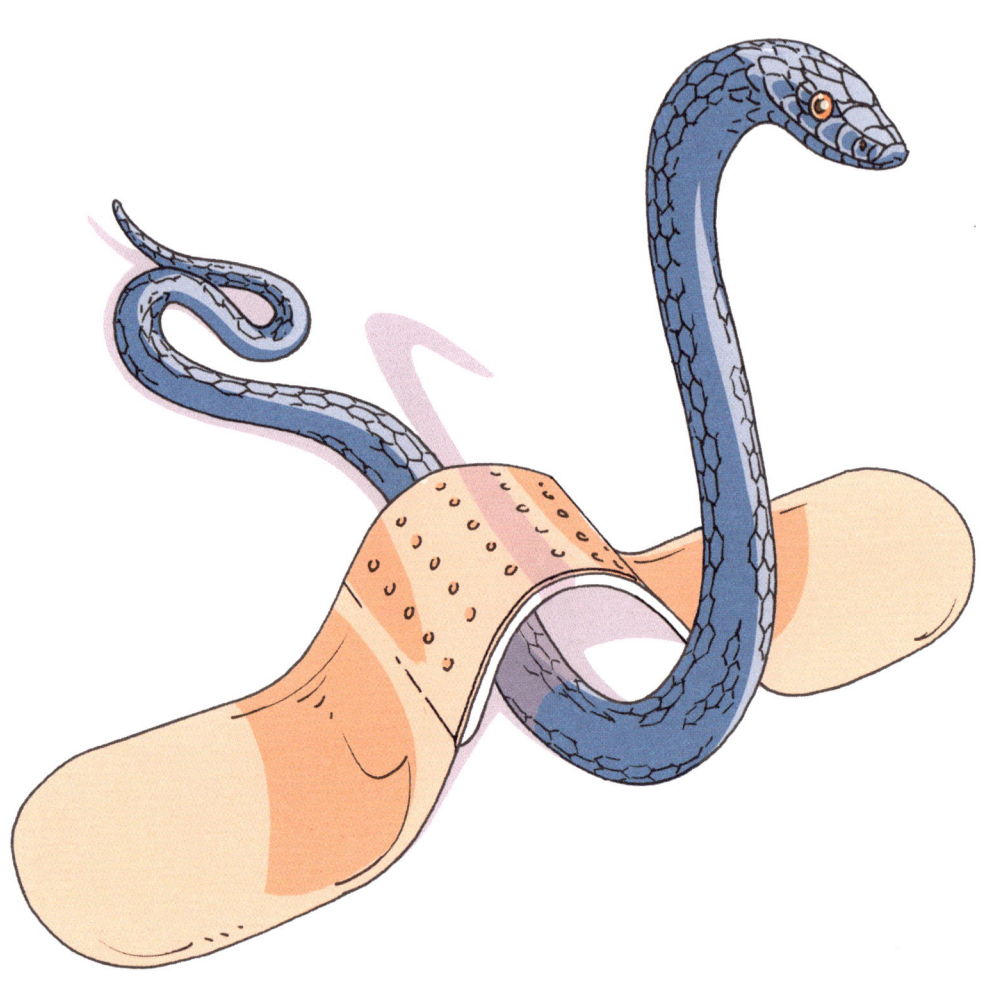

所有咬人的蛇都有毒吗？

▷ **不，不管有没有毒，蛇咬人都只是自卫，这是许多物种的本能反应，包括家里的弟弟……**

蛇只有在被打扰时才会咬人，尤其是当它无路可逃时。如果有人不小心踩到它，试图摸它、抓它，或者离它太近了，都会被它视为大难临头的信号。

有些蛇几乎不咬人，但它们有别的伎俩让人走开。环颈蛇和伪蝰蛇会释放出恶臭的液体。前者还会装死，后者能模仿凶狠的蝰蛇。

其他蛇，像无害的滑蛇也会咬人，但不会造成任何痛苦，它们细小的牙齿几乎不会留下痕迹。黄绿游蛇更具攻击性，会毫不犹豫地朝来犯者发出嘶嘶声。它的防御策略是进攻，虽然它在咬人的时候不会注入毒液，但仍然很痛，因为它的唾液有很强的刺激性。

另一种对人类无害的蛇，如埃斯科拉普蛇有时也会咬人，以教训那些胆大妄为的好奇者。

你知道吗？

欧洲所有蛇都受法律保护，因此，不允许捕捉或者操弄它们，也禁止恶意猎杀。这就是目前避免被蛇咬伤最好的办法。

蛇会跳舞吗？

▶ **别指望看到蛇跳萨尔萨舞或华尔兹舞。但它们有自己专属的婚礼舞蹈。**

在欧洲，几乎所有蛇都在同一时间坠入爱河，也就是在春季，它们刚刚冬眠醒来时。每年的这个时候，雄蛇都会沉浸于奇特的芭蕾。

当两位体型相似的黄绿游蛇先生相遇时，它们就会开始跳交际舞。但你千万别误会，这一令人印象深刻的舞蹈只有一个目的：把对方打倒在地，赶出自己的地盘。

两个雄性对手凶狠搏斗，它们抬起头，吐着气，身体和尾巴缠在一起，你可能会认为它们在跳舞。当弱者放弃时，激烈的战斗就结束了。

蝰蛇也会跳舞。雄性蝰蛇不断挺直身子进行对抗，要想获胜，必须把对手的头尽可能地压低，然后把它摁倒在地。有时，第三个甚至第四个角斗士会同时加入这场令人惊奇的争斗。

> **你知道吗？**
>
> 环颈蛇舞是一场真正的婚礼表演。雄性用颤抖的动作摩擦它的未婚妻的皮肤，就像激动得痉挛起来，用摇头晃脑来吸引异性。

蛇是怎么排泄的?

▶ **蛇跟其他动物不完全一样，它从不尿尿。**

所有不能消化的东西，经过肠道之后，都由泄殖腔排出。这个小器官位于蛇的尾巴下面，具有多种功能，可以排出粪便和卵，也可以用于繁殖。

蛇虽然能排便，但不能像我们一样排尿。蛇没有膀胱，它们的身体循环会利用每一滴液体，尽可能地节约水分。肾脏过滤后的废物形成尿酸晶体，与另一种白色物质混合在粪便中，一起被排出体外。蛇抬起尾巴，噗……

至于排便的频率，差异很大。每天？不，因为蛇通常需要好几天才能消化掉吞下去的食物，有时可能需要几个星期。爬行动物的新陈代谢取决于环境的温度。气温越高，消化系统的效率就越高。猎食的技能对此也有很大影响，例如，一条蛇是否能经常捕获到猎物？它吞下的猎物有多大？但有一件事可以确定，游蛇和蝰蛇都只有在消化过程结束后才会排便。

顺便问一下，蛇会出汗吗？答案见第95页。

你知道吗？

雄性蛇有两个生殖器官，称为"半阴茎"。它们平时被藏在体内，交配时从泄殖腔中伸出，但每次只会使用其中的一个……

蛇为什么喜欢晒**太阳**？

▷ **与人类不同，爬行动物无法产生热量并将其保存在体内。因此，它们需要日光浴来取暖。**

晒太阳是为了古铜肤色还是因为懒惰？两者都不是。蜥蜴、游蛇和蝰蛇都是所谓的"变温动物"，它们的体内温度和活性会随着外部条件变化而变化。

在很长一段时间里，它们被称为"冷血动物"，事实并非完全如此。它们只是需要达到一定的体温才能开始一天的活动。为此，它们非常依赖于外部热源：太阳。由此，爬行动物的生活方式比哺乳动物更节能，因为哺乳动物必须自己给自己产生热量。在凉爽的夜晚过后，蛇会利用太阳能将体温提升到三十多摄氏度。这意味着它们要尽可能地暴露在煦暖的射线中。有时，它们还会钻到温热的物体下，以躲避捕食者。

为了调节体温，爬行动物需要在白天定时蓄积热量。

但也要当心，蛇不能在阳光下待太久，以免达到致命的临界温度。这就是酷暑中很少见到蛇的原因。

你知道吗？

蝰蛇的最佳体温为20至30℃。为了消化食物，它必须长时间暴露在阳光下。当体温在25℃时，蛇消化一只老鼠只需不到80个小时，而在15℃时则需要250个小时。

如何在野外
观察蛇?

▶ **一早安排好你的散步时间，去它们可能晒太阳的地方找找看。**

最好的观察期是春天。此时，气温仍然很低，蜥蜴和蛇不得不在早上长时间晒太阳。那时它们没那么警觉，比平时更易接近。

蹑手蹑脚地在它们经常出没的地方边走边看：沿着树篱、森林边缘、石墙、成堆的木头、斜坡和碎石……看看灌木丛的底部，特别是阳光照射的地方。

如果你不够谨慎，很多时候都只能瞥到一条消失在灌木丛中的尾巴。因此，必须轻手轻脚地接近，避免突兀的动作，注意保持两三米的距离。双筒望远镜可能会派上用场。小心不要触碰蛇。一方面，你可能会被咬；另一方面，你可能就再也看不见它们了。一旦被惊扰，它们就会离开那个地方。相反，如果你在不打扰它们的情况下观察，很可能在接下来的几天里你都可以在同一个地方看到它们。爬行动物的领地意识非常强。

你知道吗？

春日夜晚，环颈蛇会在池塘里寻找青蛙。小心谨慎，我们就能看到它。你可以打着灯，它不会介意灯光。

被毒蛇咬伤

怎么办？

▶ **迅速而冷静地前往急诊室。蛇毒在体内的蔓延会随着紧张、高温和快速运动而加速。因此，必须避免着急紧张。**

蛇咬人之后，钩牙会在表皮留下两个明显的咬痕。如果毒蛇注射了毒液，一般会在15分钟后出现症状，随后症状会越来越严重，因此你绝不要以为症状会自行消失。把阿司匹林、吸毒器和其他无用的小玩意扔到一边去吧。尽快拨打急救电话，冷静地前往最近的专业医院。

如果伤口没有发紫或者水肿，那就是无毒的咬伤；否则，被咬的区域会肿胀。这时要立即摘下手表和首饰，还要为即将到来的呕吐和腹泻做好准备。

送病人去医院时，最好将人固定住，抬着走或让其缓慢步行。如果伤者能在被咬后3个小时内住院，那么其很可能一两天后就可以出院了。但是，血清注射必不可少。要是超过4个小时才就医，患者还要接受血液检测和更严格的监测，以免出现并发症。

顺便问一下，怎样才能避免被蟒蛇咬伤呢？答案见第20页。

你知道吗？

不要用止血带来减缓毒液流动，因为如果绑扎程度控制不好的话，会产生灾难性的后果。同样，也不要吮吸、灼烧或刺穿伤口。

为什么**蛇蜥**是**园丁**的朋友?

▶ **它无害且谨慎，以花园里的幼虫、蜗牛和蠕虫为食。**

如果要邀请一种爬行动物进入您的花园，非蛇蜥莫属。种植园中所有不受欢迎的小动物都是它的食物，这使它成为园丁的好战友。它的菜单上有毛虫、蛴螬、蜗牛、蛞蝓，还有蚯蚓、木虱和蜘蛛。

一旦这些小家伙从它嘴边经过，"啊呜"，瞬间就会被它一口咬住！更确切地说是被咬上几口，因为我们的"无腿蜥蜴"必须嚼碎它的食物才能将其吞咽下去。蛇蜥很容易辨认，它的头部没有脖子，有着闪亮光滑的鳞片以及矮胖结实的身体。只有幼体和雌性蛇蜥的侧面是深色的。这是一种常见的掘地生物，可钻进肥堆、草褥、干草堆或碎木枝中隐藏自己。

像所有的爬行动物一样，它无法自己产生热量。但与它靠晒日光浴而获得热辐射的表亲不同，蛇蜥更喜欢通过接触来接收热量。它躲在干草、树叶或苔藓的下面，通过这种间接的方式获得太阳能，以提高自身温度。

你知道吗?

在花园阳光充足的草地上，一块普通的瓷砖、木板或者被遗弃的铁皮，都是蛇蜥的完美避难所。

蛇会断尾吗?

▶ **与蜥蜴不同，游蛇和蝰蛇无法施展这种花招。**

有些爬行动物能够将自己与身体的一部分分离。它们通过剧烈收缩肌肉，放弃尾巴以逃避捕食者。断尾扭来扭去，左右蠕动，吸引了敌人的注意力，它们则趁机逃跑。

这种令人难以置信的现象，被科学家称为"自体切除术"，但这对蛇来说是不可能实现的。它们没有能在肌肉的作用下断掉的预切椎骨，也没有防止失血的可伸缩静脉。

更奇妙的是，蜥蜴的尾巴还能再长回来。当然，新尾巴与原来的尾巴略有不同，但这已经足够神奇了。

一条可怜的游蛇，如果被猫咬断了尾巴，那它的尾梢将终生残缺不全，于是它只

能使用其他方式来逃避捕食者：虚张声势、躲藏、恐吓、咬人（不管有没有毒液）……

你知道吗?

蜥蜴一生中可以多次断尾再生。有时，它们甚至会长出两条或者三条新尾巴。

恐龙是蛇的祖先吗?

▶ **不是，但它们拥有共同的祖先：一种叫林蜥的小型爬行动物。**

两栖动物是地球上第一批生活在陆地上的脊椎动物。然而，它们的幼虫蝌蚪的发育仍然离不开水，其中一些两栖动物看起来更像无鳞鳄鱼，而不是现在的青蛙。

在约3亿年前的石炭纪，第一批爬行动物出现了。这是真正的陆生动物，它们的卵有外壳保护，不需要水体环境。其中，一种20厘米长的小蜥蜴——林蜥衍生出一系列令人难以置信的爬行动物，这些后代被分为几个种群。

其中最著名的是恐龙，它们统治地球超过1亿5000万年，直至灭绝。而其他爬行动物，如鳄鱼、蜥蜴和海龟则逐渐进化，存活至今。

蛇与恐龙共存时间很短，蛇不是恐龙的后代，它很可能是由穴居蜥蜴进化而来，在1亿或1亿5000万年前才出现。

你知道吗?

目前已知最古老的蛇类化石纪录来自一块9900万年前的琥珀。这块化石发现于缅甸北部克钦邦胡冈谷地，属于白垩纪时期。这条小蛇被认为是迄今世界上发现的最古老的幼蛇。

真的有 "蛇球" 吗?

▶ **有的，也有人称之为 "蛇结"。实际上是几条蛇缠在一起安静地过冬。**

一些适合越冬的场所可以同时容纳几种爬行动物，有时甚至是不同的物种。地下洞穴就是理想的越冬地点，可以让爬行动物躲避致命的严寒和霜冻。游蛇或蝰蛇会在一处聚集，形成一个移动的球，让人浮想联翩。

寒冬结束时，蛇球迫不及待地想到阳光下取暖。它们时常聚集在同一个阳光充足的地方，暖和了才散开。在蛇的繁殖季节，当雄性和雌性交配时，也可能遇到缠绕在一起的蛇球。争夺地盘的时候，尤其是蝰蛇，它们之间的缠斗可能会有许多条蛇参与其中。我们可能会惊异于看到8条蝰蛇扭在一起。还有一个看起来像蛇球的场景：雌性蝰蛇一胎平均能生产7条小蛇，特殊情况下可达20多条。

顺便问一下，为什么我们会害怕蛇？答案见第99页。

> **你知道吗?**
>
> 在加拿大，束带蛇在冬末时节大量聚集，已知的最大集中地有近7万条蛇。成千上万的蛇聚在一起，开启交配的仪式。

蝰蛇会藏在
高草丛中吗?

▶ **哦，不会的。这又是一个成见。**

实际上，蝰蛇显然更喜欢频繁地出没于两种不同环境的交界处，例如灌木丛和低矮植被之间。这些边缘地带被专家称为交错带。爬行动物在这里可以获得它们的大部分需求：庇护所、晒太阳、捕食……

通常，蝰蛇会出现在朝南的向阳地带，树篱边、森林边缘、墙脚的荆棘丛下，或草坪的灌木丛下。我们也能在小路旁的灌木丛里，或在阳光明媚的小树林里的碎石附近看到它们。蛇特别喜欢阳光充足的斜坡，如旧铁路线的路堤。它们有时会沿着水边或在沼泽中蜿蜒而行。总之，它们很少去高草丛，除非附近有遮蔽物。

欧洲有蟒蛇吗?

▶ **沙蟒是欧洲大陆上唯一生活在野外的蟒蛇,主要分布在希腊。**

当然,还有各种各样的爬行动物被饲养在水族箱里,它们被称为NAC,即"新型宠物"。其中,人工养育的蟒蛇越来越多,让陆地动物爱好者非常着迷。

你的邻居,只要有饲养资格证,就可以在公寓里养一条绿蟒、一条红尾蚺或者一条皇家蟒蛇。但在欧洲,野外是见不到这些物种的。

蚺科是一个通常生活在热带地区的蛇类家族,只有沙地蟒蛇——斑点沙蚺经常光顾欧洲大陆。它主要分布在欧洲东部。这是一种无害的物种,很少被观察到,因为它大部分时间都在地下度过,并且主要在夜间活动。沙蟒善于掘地,能自己挖掘地下通道,或者借用它所猎杀的啮齿动物的地道。它偏爱土壤松散的半沙漠地区。

> ### 你知道吗?
>
> 与它著名的表亲相比,欧洲沙蟒的平均长度只有50厘米。最长纪录是80厘米,不会更长了。

蛇是**黏**的吗?

▶ **这可能会让你感到惊讶。蛇的身体既不黏糊也不粗糙,相反,它柔软而干燥。**

由于两栖动物没有毛发或羽毛,它们的表皮会产生一种黏性物质,使它们免受外部世界和干旱的影响。对于爬行动物而言,鳞片能起到这种保护作用,它们覆盖在皮肤上,像一层防水的外壳。蛇的鳞片由角蛋白构成,和我们的指甲一样,或多或少有些光泽,但摸起来绝对不粗糙。蛇的表皮柔软而温暖,有幸轻轻触摸过它们的人都感到很惊讶。

蒙彼利埃蛇是族群中的特例,它会定期打磨自己的鳞片。为了细致地打磨腹部的鳞片,它会分泌一种黏稠的液体,用鼻子在身上涂抹。这是为什么?或许是为了保持鳞片表面的洁净,就像我们给皮鞋打蜡一样;也可能是为了方便蜕皮和气味传递……这仍是一个未解之谜。

你知道吗?

令人惊讶的是,大多数爬行动物皮肤上的花纹和凸出的地方都很柔软。然而,有些蛇有骨板,手感就会很粗糙。

原来如此!

蛇的鳞片窄长、尖细或起棱,即有一条或多条凸起的线条,如果我们顺着不同方向触摸蛇身,会分别感觉到柔软和粗糙。

哪种**鸟类**主要以**爬行动物**为食？

▷ **在欧洲，短趾雕是蛇类的天敌。**

在这些长翅膀的家伙中，尽管乌鸦和渡鸦也会时不时地吞食爬行动物，但它们的饮食结构十分多元。而像野鸡和蜂鹰这样的机会主义者，只有时机合适才会捕食蛇类。但在欧洲的猛禽中，有一个物种专门捕食爬行动物。蛇类占据了它们食谱的80%。

这是一种食蛇鹰，它是吃蛇的老饕，多见于欧洲炎热荒凉的地区。短趾雕在离地面30米的高度盘旋，凭借其出色的视力定位猎物。一旦看到蛇，便翅膀一收，急速俯冲到它身上。这种鸟主要以游蛇为食，但也捕猎蝰蛇，有时也吃蛇蜥和蜥蜴。这种翼展为1.9米的小型猛禽用钩状喙叼住猎物的头部并将其整个吞下。有时蛇太长了，尾巴会露在鸟嘴外面，但此时短趾雕已经开始消化吞下的蛇身了。

顺便问一下，谁以蝰蛇为食？答案见第16页。

你知道吗？

短趾雕，又名"蛇之鹰"，体重只有1.8公斤，但喜欢攻击长达1.7米的大蛇。

有长脚的**蛇**吗？

▶ **没有。但有一种蜥蜴，很像长着细小脚爪的蛇蜥，会让人误认为是长脚的蛇。**

石龙子，又叫"石龙蜥"，它与脆蛇蜥出奇地相似。尽管它的身体纤细、光滑、有光泽，长度也跟蛇相当，但它是蜥蜴。难道它是蛇的孪生物种吗？并非如此。

这种独特的爬行动物有两对细小的脚爪，缓慢移动时，它会利用这些脚爪。一旦要加速，它就会果断把脚爪收进身体两侧的脚爪沟里，然后像游蛇一样起伏前行。这种有趣的动物身长约20厘米，生活在欧洲南部的草地，如法国南部、西班牙和意大利。

真正的蛇是没有脚的，但它们的祖先有。经过数千年的进化，与它们的表亲蜥蜴不同，蛇不再使用腿脚，转而采用另一种运动策略。蛇蜥、石龙子和其他无腿或腿退

化的蜥蜴，见证了自然界物种进化的不同路径。百万年之后，不知道石龙子是否能保留它的脚爪？

顺便问一下，蛇蜥和蛇有什么区别？答案见第5页。

你知道吗？

蟒和蚺同属原始蛇家族，它们的骨骼上仍然保留着祖先的腿，身体两侧也各有一个可见的爪子。雄性在繁殖期用它们来抓打对手或者在交配时刺激雌性。

蛇是如何吞下
比自己大的动物的?

▶ 蛇的身体能够像橡皮管一样扩张。

首先，找到猎物的头部。为了便于将猎物吞进胃里，蛇会先咬住猎物的脑袋，毛发、鳞片和脚爪随后才能顺向滑动，不至于阻碍吞咽的速度。

现在想象一下，把下巴安装在一根可开合转动的骨头上。像打开一张野营椅，尽可能地张大你的嘴巴。左右两侧的下颌骨被撑开，分离为独立的两部分，由一根肌腱连接，但这还不足以完成整个吞咽过程。

蛇没有四肢来帮助自己进食，只能依靠尖尖的圆锥状牙齿。蛇的牙齿向内倒钩，防止猎物滑出。它富有弹性的皮肤上覆盖着各自独立的鳞片，不会影响蛇身惊人的伸展能力。出于同样的原因，蛇没有胸骨：当大块的食物经过时，其两侧肋骨就会张开。接下

来需要做的就是花几天或几个月的时间来消化食物了。

你知道吗?

蛇吃东西时不会窒息。即使它纵向生长的肺在吞食猎物时受到了部分挤压，但这个器官能在远端保留足够的空气。当然，像气管这样的呼吸道也会受到保护，不会被压碎。

为什么蛇要蜕皮?

▶ **在蛇的成长过程中，必须定期更换蛇皮，就像换掉旧袜子。这就是蛇的蜕皮。**

蛇几乎一生都在成长，但蛇皮却不会长大。因此，它们一般每年需更换2到6次皮，这完全取决于蛇的年龄和种类，适宜的温度和丰富的猎物也很重要。

当时机来临，蛇会在石头或粗糙的木头上摩擦，以蜕去旧皮。鳞状皮肤在嘴唇处裂开，然后像脱手套一样由内而外翻转过来，脱离蛇身。

蜕皮前几天，蛇会在表皮下分泌一种润滑剂，以方便脱衣。它们的新装，色彩明亮艳丽。旧皮，即蛇皮或蛇蜕，则被弃于原地，我们经常能见到。一些博物学家也在积极地寻找它们，以清点或监测蛇的数量和种类。

顺便问一下，为什么有些蛇看起来像瞎子？答案见第43页。

你知道吗?

与鱼类不同，爬行动物的鳞片是皮肤的增厚区，它们不可能被一片一片地移除而不伤害动物。要么全部保留，要么全都去除。

原来如此!

蜥蜴也会蜕皮，但它们的旧皮肤是一点一点脱落的。

谁把**卵**产在

肥堆里?

▶ **环颈蛇经常在一些特殊的孵化器中产卵: 肥堆、粪堆、草屑或腐烂的干草垛里。**

与鸟类不同,蛇让大自然来照顾它们的卵。因此,母蛇会谨慎地选择产卵地点。隐蔽、湿润、通风和温暖都是胚胎正常发育必不可少的条件。

环颈蛇经常在腐烂的有机物中产卵,在这种环境下的物质容易发酵,并能让周围环境保持湿润,同时产生热量。粪堆冒出缕缕青烟就是个典型例子。松散的土壤和肥堆中的植物废料都很适宜,干草垛、芦苇堆和腐烂的旧树桩也是如此。每年6月至7月期间,母蛇会依其年龄和体型差异产下5至70枚卵。当有利地点稀缺时,几条蛇会在同一处产卵。这些集体产卵场可能会同时存在数百枚蛇卵,幼蛇在4到8周后便会孵化出生。

顺便问一下,谁照顾蛇的宝宝?答案见第19页。

你知道吗?

其他物种,如七叶蛇,也可以在肥堆中产卵,产卵时间一般为8月末。

这条像蛇的

毛毛虫是什么?

▶ **难以置信! 一种飞蛾的幼虫赫摩里奥普雷斯毛虫瞪大眼睛时, 活脱脱就是一条小蛇。**

虽然许多毛毛虫都是伪装女王, 但也有一些毛毛虫会恐吓对它构成威胁的人。赫摩里奥普雷斯毛虫——成虫是非常漂亮的夜蛾, 一旦受到惊扰, 它会立即将头缩回身体里。

这样做会扩大它身上的斑点, 使之看起来像两只具有威胁性的大眼睛。这种蛾子的幼虫其实是无害的, 但它挺直身子, 紧张地摇晃着这个微型的假蛇头, 样子相当夸张, 足以吓跑大多数掠食者或入侵者。谁敢伸手接近这种奇异的怪物呢?

赫摩里奥普雷斯毛虫身长可达8厘米。它生长在花园里的柳叶菜、千屈菜、凤仙花、吊钟海棠以及月见草上, 成虫主要在夏季飞行。这是一种夜行昆虫, 穿着粉色和紫色的优雅晚礼服, 看起来一点也不像蛇。

你知道吗?

在哥斯达黎加, 一条毛毛虫选择了更加引人注目的蛇类伪装, 让捕食者大吃一惊。它的身体后部会膨胀起来, 形成一个呈攻击状态的三角形蛇头。这种毛毛虫会羽变为一种狮身人像的蝴蝶, 被称为"拟蛇头天蛾"。

世界上**最毒**的蛇
是什么蛇?

▶ **许多爬行动物都在争夺这个头衔，但澳大利亚太攀蛇和东部拟眼镜蛇似乎位居榜首。**

尽管非洲有黑曼巴蛇，亚洲有环斑蛇和眼镜王蛇，南美洲有矛头蛇，北美有菱背响尾蛇，但澳大利亚大陆才是毒蛇最多的地方，其毒蛇数量甚至超过了无毒的蛇！此外，澳大利亚是有毒物种最多的国家：爬行动物、蝎子、蜘蛛、水母……

其中两种澳大利亚蛇的毒液是动物界中最强的神经毒性毒液之一，被它们咬伤将活不过30分钟。在领奖台的顶端，是谨慎而胆小的沙漠地区太攀蛇——内陆太攀蛇。理论上，单位剂量的毒液可以杀死几十万只老鼠，毒性是眼镜王蛇的20余倍。紧随其后的是速度极快的东部拟眼镜蛇，它在澳大利亚造成的死亡案例最多。

顺便问一下，世界上最长的蛇是什么蛇？答案见第14页。

你知道吗？

世界上有3400种蛇，其中大约600种是有毒的。在欧洲，西欧毒蝰的毒性最强，但它们的毒性因地区、季节和个体而存在很大差异。

什么蛇的绰号叫 "鞭子" ？

▶ **黄绿游蛇被打扰时，可不会逆来顺受。**

一条深色大蛇用尾巴拍打着草木，以闪电般的速度溜走了。毫无疑问，"鞭子" 刚刚逃掉了。

"鞭子"，这是脾气暴躁的黄绿游蛇的绰号之一，它的另一个绰号叫"乌梢"。如果感到威胁，它会直面应对来犯者，奋起追咬。它的暴躁和进攻性令人惊讶，它会穷追不舍，咬上一口又一口。这种策略行之有效，许多捕食者因此放弃了对抗。

实际上，黄绿游蛇并没有毒牙。被它咬伤虽然很痛，但是无害。最糟的情况，也就是出现几道伤口和红肿。不过不管怎样，还是别惹它为妙。

黄绿游蛇是敏捷的狩猎者，主要以小型啮齿动物为食，但只要有机可乘，它也会毫不犹豫地吞下其他爬行动物。"鞭子" 行动灵敏，可以爬树，还能攀爬到灌木丛顶上享受阳光。如果在高处受到干扰，它会像卡通片里的场景一样，迅速展开身体，坠向地面。

你知道吗？

春天，雄蛇积极地寻找伴侣，往往活跃过头，在路上被车不幸地碾压。

蛇会 出汗 吗？

▶ **蛇尽管懒洋洋地晒着太阳，喜欢温暖，但它们永远不会出汗。**

游蛇和蟒蛇在进化过程中适应了温暖和阳光充足的环境，它们的身体会把每一个水分子都储存起来。

它们绝不会大滴淌汗。要出汗，必须得有充满汗腺的表皮。这些小型汗水工厂与某些哺乳动物的汗毛功能类似，都非常耗能。蛇虽然不会出汗，但它的皮肤可以进行气体交换，尤其是在鳞片之间。因此，蛇会因蒸发而损失少量水分，我们称之为蒸腾。蒸发与出汗完全不能相提并论。

总之，蛇不能像我们一样通过出汗来调节体温。尽管有些难以置信，但蛇如果不能很好地保护自己，那么高温很快就会令它丧命。

天气太热时，它们会躲在阴凉处、岩石下或啮齿动物的洞穴里。酷暑来临，它们会减少活动，躲进凉爽的地方，进入一种昏昏欲睡的状态，就像冬眠一样。不过这并非冬眠，而是避暑。

你知道吗？

蛇通过调节它们暴露在阳光下的时间、改变姿势、调节心率和血液循环来影响体温，有的蛇甚至可以通过皮肤呼吸来补充氧气供应。

冬天能看到蝰蛇吗?

▶ **几乎看不到。除了龙纹蝰蛇，即使雪还没有融化，它偶尔也会出来晒太阳。**

当寒冷降临，蛇的行动会变得迟缓。它们会寻找无霜无冻、温度和湿度都很稳定的地方越冬。

一处地下巢穴、一个孔洞、腐烂的树桩、粪便堆、地窖或裂缝都可以解决问题。在等待温度升高和更充足的日照期间，它们的新陈代谢、心率和呼吸都降到最低。与通过消耗储备来冬眠的哺乳动物不同，爬行动物冬眠时几乎不消耗能量。

到了春天，尽管已经睡了4到6个月，但它们醒来时体重几乎没有变化。有时，当气温回升时，蛇会短暂地出现在它们的庇护所旁边晒太阳。尤其是在2月，虽然积雪尚未完全消融，也可以看到它们。但它们会很快回到避寒处，要躲避可能让它们丧生的霜冻。龙纹蝰蛇对低温的耐受性较强，一旦环境温度高于8℃或10℃，它就会毫不犹豫地出巢。

顺便问一下，蛇为什么喜欢晒太阳？答案见第58页。

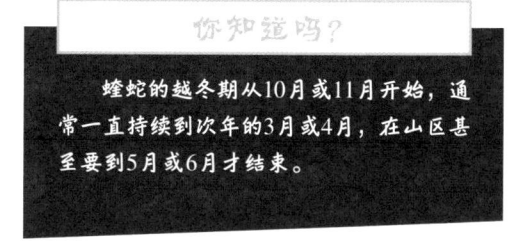

你知道吗?

蝰蛇的越冬期从10月或11月开始，通常一直持续到次年的3月或4月，在山区甚至要到5月或6月才结束。

我们为什么会**害怕**蛇？

▷ 几个世纪以来，人类对蛇的偏见很难改变，它们毫无表情的神秘眼神和蜿蜒起伏的身体难以引起好感。

不管有没有毒，蛇的存在常常被视为一种威胁。在西方文化中，它们是邪恶的化身，例如在《圣经·创世记》中，它就代表恶魔。根据流行的说法，蛇还会催眠，会缠绕在我们的脖子上让我们窒息，并用它们的钩牙刺我们，甚至会带来厄运……奇幻怪诞的故事数量之多令人不寒而栗。

是的，它们的目光不像小狗那样可爱。然而，蛇也会忧虑和恐惧，它们既不恶毒，也不友善；既不恶心，也不冰冷。它和其他动物一样，都在努力生存。让人们了解认识蛇，就是为了消除非理性的恐惧和不必要的本能反应。

作者简介

大卫·梅尔贝克（David Melbeck）： 法国自然学家，撰写过许多针对青少年的科普读物。自然杂志《蝾螈》的编辑和活动策划人。

弗雷德里克·米肖（Frédéric Michaud）： 插画家和新闻漫画家，为读者提供梦幻般、诗意的图画世界。

译者简介

程静： 武汉大学外语学院法语系副教授，法国语言文学博士。曾任巴黎狄德罗大学孔子学院中文院长。